发现身边的科学

FAXIAN SHENBIAN DE KEXUE

不沾水的纳米碳

王轶美　主编

贺杨　陈晓东　著　上电一中华"华光之翼"漫画工作室　绘

中国纺织出版社有限公司

咚咚："爸爸，快看，荷叶上有一颗颗宝石在反光！"
爸爸："那可不是宝石，你走近点儿瞧瞧。"
咚咚："原来是水珠啊，这么晶莹剔透，看起来真漂亮。"

咚咚："可是，为什么水珠看上去一点儿都没沾在荷叶上呢？"

爸爸："这种现象叫莲叶效应，这是因为荷叶的表面结构是纳米结构。"

荷叶效应，是指荷叶的表面具有超疏水以及自洁的特性。那什么是疏水性呢？你可以在家中观察一下一滴油滴在水面上的现象，油和水始终保持着严格的界限，不会融合在一起，这就是油所表现出来的疏水性，它指的是一个分子或者疏水物与水互相排斥的物理性质。荷叶就具备这种奇特的性质。

咚咚："原来这叫莲叶效应，那什么是纳米结构呢？"

爸爸："纳米是一种长度单位，1纳米大概相当于头发丝粗细的五万分之一，而荷叶上就有很多纳米大小的凸起，是它们'挡住'了水。"

咚咚："好神奇！那生活中还有其他纳米结构吗？"

爸爸："当然有，回家我们做一个实验。"

纳米概念的起源

1959年冬，物理学家理查德·费曼在加州理工学院出席美国物理学会年会时，做了一个非常著名的演讲，叫《在底部还有很大空间》。他第一次向世人提出纳米技术的概念，他认为可以从单个分子或原子进行组装，生产一些极小的结构。他曾说，"至少依我看来，物理学的规律不排除一个原子一个原子地制造物品的可能性。"并预言，"当我们对细微尺寸的物体加以控制的话，将极大地扩充我们获得物性的范围。"这就是纳米概念的起源。

理查德·费曼是一个非常了不起的物理学家，他不仅在理论物理上有着很多贡献，还是一位非常杰出的教育家，他有一种非常特殊的能力，就是能把复杂的观点，用简单的语言把它表述出来，他常说，教师讲的不能让学生听懂，那就是自己没有真懂。后来加州理工学院把他的一系列讲座整理出版了著名的物理教材——《费曼物理讲义》。

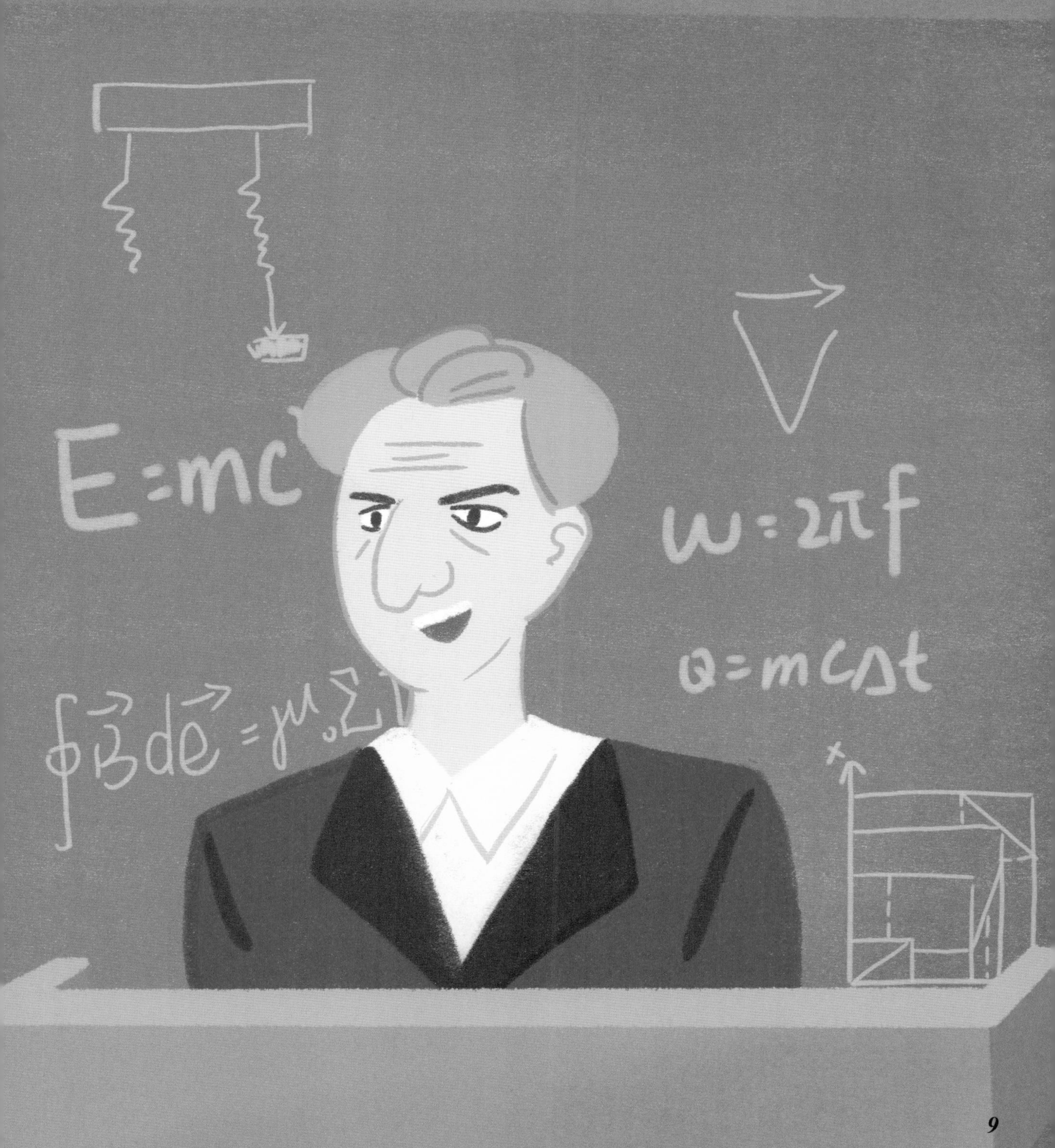
E=mc
ω=2πf
Q=mcΔt

纳米技术的发展

　　自纳米的概念诞生后，科学家们开启了在纳米世界的探索之旅。科学家发明了扫描隧道显微镜，这是一种可以看到原子、分子的显微镜，借助高科技仪器，科学家们还开始操纵原子，把物体表面的一些原子搬走，组成自己想要的图案。1993年，中国科学院北京真空物理实验室操纵原子成功写出"中国"二字。

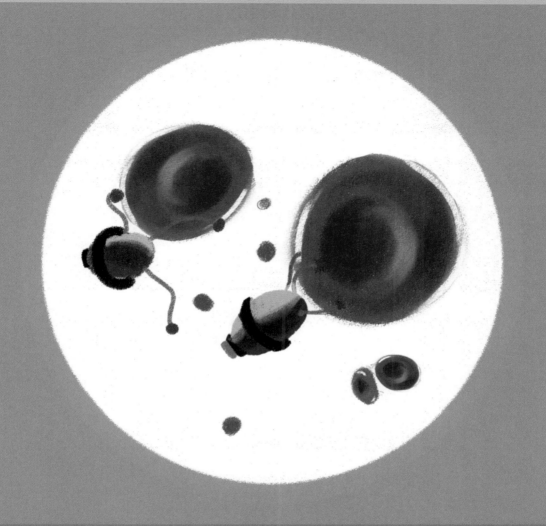

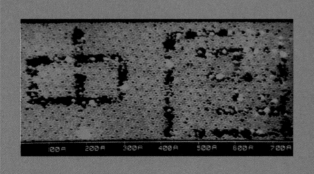

如今，纳米技术已经走进了日常生活，很多新材料的表面都运用了这项技术，用以达到防水、抗污的效果。未来，纳米技术还将会有更大的突破，比如在纳米尺度上组装一个极其微小的机器人，运用这种纳米机器人进入人体来治疗某些疾病。

爸爸："仔细观察，你发现了什么？"
咚咚："勺子里面都熏黑了！"

1. 准备一支干净的铁勺子和蜡烛；

2. 点燃蜡烛，将铁勺子扣在火苗上方熏烤，请戴手套或用布包裹勺柄进行操作，以防烫伤；

小心烫伤
HOT！

3. 待勺子全部熏黑即可熄灭蜡烛。

注意：不可用手触碰勺子熏黑的部分。

爸爸："那你滴一滴水到勺子里，看看会怎样？"
咚咚："哇！太神奇了，这颗水珠和荷叶上的一样，一点儿也不沾！"

　　滴入一滴水（直径2毫米左右）在勺子上，仔细地观察，你发现水滴是什么形状了吗？对了，近似一个球形！轻轻晃动勺子，你会发现水滴在黑色的勺子上自由地滚动，像一个小球一样。

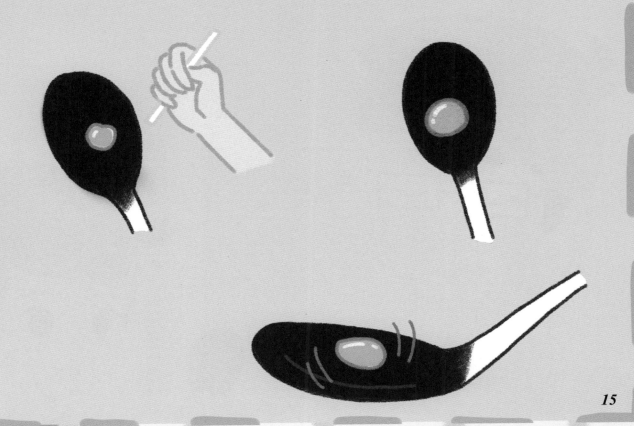

爸爸:"你看到的勺子上的黑色,其实是蜡烛燃烧产生的碳,这些碳颗粒非常非常小,都是纳米级别的微粒,它们会对水表现出疏水性,简单来说,纳米碳很排斥水。"

咚咚:"原来如此,纳米碳这么不喜欢水!"

爸爸："我们再把熏黑的勺子放到水中，看看又有什么变化？"

咚咚："哇，勺子怎么又变成了银色呢？"

爸爸："其实这回的现象不仅与勺子上黑色的纳米结构有关，还与光的反射有关。"

咚咚："到底是什么原因呢？"

爸爸："当勺子插入水中后，由于纳米碳的疏水性，勺子上的纳米碳和水之间会形成一层很细微的空气层。当我们在特定的角度观察勺子时，光线会在空气层上发生全反射，就像我们看到镜子反光一样，这样看上去就亮亮的了。"

咚咚："原来是这么回事，总之，我明白了纳米的碳颗粒很不喜欢水！"

拓展与实践

扫一扫，
观看实验视频

　　科学家们利用纳米结构特性发明了很多对生活有用的材料，比如说纳米衣服、纳米雨伞等。它们在接触水的时候，不仅不会湿，而且水还可以带走衣服上的灰尘，这样就很容易清洗了。

　　寻找生活中的纳米材料，研究研究它们有什么特殊的性质吧！

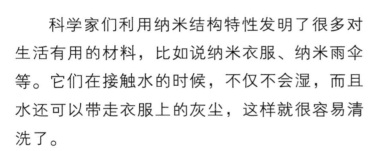

　　　　绘图：查筱菲　王悦　余宛泇　潘晓燕　黄郁璇

图书在版编目（CIP）数据

发现身边的科学.不沾水的纳米碳／王轶美主编；
贺杨，陈晓东著；上电－中华"华光之翼"漫画工作室绘
．－－北京：中国纺织出版社有限公司，2021.6
　　ISBN 978-7-5180-8347-3

　　Ⅰ．①发… Ⅱ．①王… ②贺… ③陈… ④上… Ⅲ．
①科学实验－少儿读物 Ⅳ．① N33-49

　　中国版本图书馆CIP数据核字（2021）第023329号

策划编辑：赵　天　　　特约编辑：李　媛
责任校对：高　涵　　　责任印制：储志伟　　　封面设计：张　坤

中国纺织出版社有限公司出版发行
地址：北京市朝阳区百子湾东里 A407 号楼　邮政编码：100124
销售电话：010—67004422　传真：010—87155801
http://www.c-textilep.com
中国纺织出版社天猫旗舰店
官方微博 http://weibo.com/2119887771
北京通天印刷有限责任公司印刷　各地新华书店经销
2021 年 6 月第 1 版第 1 次印刷
开本：710×1000　1/12　印张：24
字数：80 千字　定价：168.00 元（全 12 册）